Bibliothèque de l'Amateur Champenois

LE

BON VIEUX TEMPS

EN CHAMPAGNE

Par ALEXANDRE ASSIER

PARIS

CHAMPION, libraire, quai Malaquais, 15.
A. CLAUDIN, libraire, 3, rue Guénégaud.
F. HENRY, libraire, Palais-Royal, galerie d'Orléans.
MENU, libraire, quai Malaquais, 7.
Et
Chez les principaux libraires de l'ancienne province de Champagne.

M D CCC LXXV

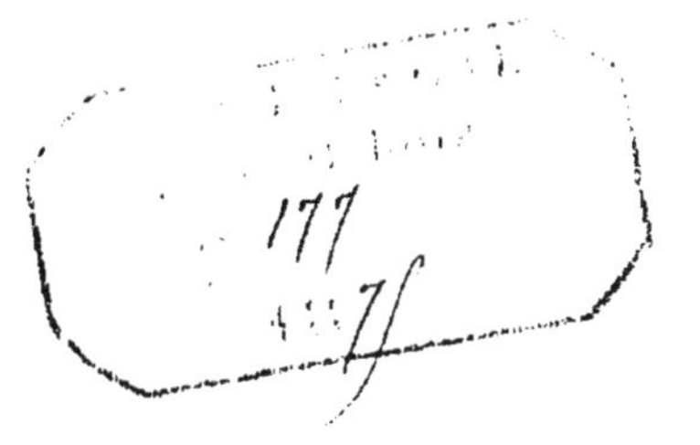

BIBLIOTHÈQUE

DE

L'AMATEUR CHAMPENOIS

Tiré à 160 exemplaires numérotés :

120 sur papier vergé,
10 sur papier rose,
10 sur papier vélin,
20 sur papier chamois.

N°

Bibliothèque de l'Amateur Champenois

LE

BON VIEUX TEMPS

EN CHAMPAGNE

Par ALEXANDRE ASSIER

PARIS

CHAMPION, libraire, quai Malaquais, 15.
A. CLAUDIN, libraire, 3, rue Guénégaud.
F. HENRY, libraire, Palais-Royal, galerie d'Orléans.
MENU, libraire, quai Malaquais, 7.
Et
Chez les principaux libraires de l'ancienne province de Champagne.

M D CCC LXXV

AUX BIBLIOPHILES ET AUX LECTEURS

DE LA CHAMPAGNE.

MESSIEURS,

Lorsque nous parcourons les annales des siècles qui nous ont précédés, il ne faut pas nous étonner si chaque âge a eu ses faiblesses, si nos aïeux ont mêlé trop souvent le sérieux au burlesque et le religieux au profane. De tout temps le bien et le mal se sont livré de rudes combats, et, malgré ses nombreuses défaites, le mal étalera longtemps encore ses lèpres hideuses. Croit-on que toutes nos coutumes obtiendront l'approbation de nos arrière-neveux, les bals masqués par exemple, où nous nous permettons certaines licences au profit des pauvres? Il me semble que les veuves et les orphelins recueilleraient une offrande plus abondante, si l'argent consommé dans ces orgies leur était distribué et si surtout nous ne leur donnions point le scandale de notre dépravation.

Plus naïf et plus expansif, le moyen âge a

célébré la fête de l'âne, joué des drames dans les églises, et accueilli avec dévotion des récits qui nous feraient sourire. Mais à cette époque que nous désignons sous le nom de bon vieux temps, *le clergé n'avait-il point accaparé, par sa science et par sa morale, toute influence sur les nobles et sur le peuple? Ne devait-il pas à certains jours non-seulement permettre des divertissements dont la vue nous choquerait aujourd'hui, mais même y prendre la plus large part? Il est vrai que de graves scandales ont souvent éclaté et que la voix des papes s'est fait entendre, mais les abus disparurent lentement, faute de* spécialistes.

Je termine, chers lecteurs, cette petite diatribe en vous priant de ne point juger trop sévèrement les temps de nos bons aïeux, car s'ils ont commis quelques fautes, pourrions-nous nous vanter d'être plus moraux et plus héroïques? Laissons à chaque âge ses faiblesses et tâchons de nous montrer les dignes descendants de ceux qui nous ont conquis la plus éclatante renommée, tel est le vœu de

Votre serviteur,

Alexandre Assier.

Courbevoie, 20 août 1875.

I.

LA FÊTE DE L'ANE

CÉLÉBRÉE DANS LA CATHÉDRALE DE SENS.

Qui n'a point entendu parler du célèbre *Missel de l'âne*, conservé parmi les manuscrits de la bibliothèque de Sens ? Rien cependant ne justifie ce titre ainsi que celui de *Missel des fous*, car aucun passage du texte ne rappelle les fous ou ne fait allusion à leur fête, à moins qu'on ne confonde avec la composition primitive un mauvais quatrain ajouté deux cents ans après :

Festa stultorum de consuetudine morum
Omnibus urbs Senonis festivat nobilis annis,
Quo gaudet precentor : tamen omnis honor
Sit Christo circumciso, nunc, semper et almo.

Quant à l'âne, les vers où il en est question n'en forment guère que l'introduction ou la 64e partie. M. Aimé Chérest a même prouvé qu'ils n'étaient chantés qu'en dehors du lieu saint, aux portes de l'église, *in januis ecclesiæ*, ou tout au moins avant d'arriver au sanctuaire, sans que parût le plus humble des animaux (1).

Le véritable nom du manuscrit serait donc celui que l'auteur a lui-même inscrit en tête de son œuvre : *Circumcisio Domini,* recueil de prières destinées à célébrer la *Circoncision de Notre-Seigneur.* Ce livre oblong, dont l'un des côtés a 35 centimètres d'étendue et l'autre un peu plus de 16, se compose de 33 feuillets de parchemin renfermés dans une couverture formée de deux tablettes en bois très-épaisses. Ces tablettes elles-mêmes, bordées d'ornements en argent, servent de cadre à des planches d'ivoire provenant d'un antique dyptique payen dont la description a été donnée par M. Adolphe Duchalais (2).

L'écriture très-nette du manuscrit offre les signes les plus évidents du XIIIe siècle. S'il faut en croire M. Aimé Chérest, le copiste serait le célèbre Pierre de Corbeil, archevêque de Sens, car une charte de l'an 1201, donnée par ce prélat aux chapelains de Saint-Laurent de Sens, est de la même main que le *Missel.* Etrange physionomie que celle de ce haut dignitaire de l'Eglise : il commence par écrire des satires contre les maris et contre les tribulations du mariage, ravit la cour de Rome par ses prédications, obtient l'archevêché de Sens, rend de grands services à Philippe-

(1) *Bulletin de la Société des sciences historiques et naturelles de l'Yonne,* in-8, Auxerre, 1853.

(2) *Bulletin de la Société archéologique de Sens,* in-8, t. VI, 1858. L'ensemble de la composition figure le triomphe de *Bacchus Hélios* sortant de l'Océan pour éclairer le monde et pour présider aux vendanges.

Auguste qu'il amuse par ses jeux de mots et finit par mourir en odeur de sainteté.

Quoi qu'il en soit, il est certain que la fête de Noël donna de bonne heure naissance à de nombreuses réjouissances qui se prolongeaient jusqu'à l'Epiphanie. Saint Augustin se plaignait même déjà dans ses sermons des excès qu'elles occasionnaient sous ses yeux. Ces réjouissances devaient être une réminiscence des Saturnales que l'Eglise s'efforça toujours de faire disparaitre, se prêtant cependant comme une bonne mère aux joies enfantines du peuple, jusqu'à ce que les naïvetés tournassent en dérision (1).

La ville de Sens parait avoir été l'une des cités où la fête de la Circoncision eut le plus de durée, d'éclat et de retentissement. Dès l'année 1245, cette fête est signalée comme un antique usage invétéré dans le diocèse et de laquelle on pouvait dire *illa festorum antiqua ludibria*. Avant les premières vêpres, deux chantres à grosse voix entonnaient à la principale porte les vers suivants :

Lux hodie, lux leticie ! Me judice, tristis
Quisquis erit, removendus erit sollemnibus istis.
Sint hodie procul invidie, procul omnia mesta ;
Leta volunt quicumque colunt asinaria festa.

« Lumière aujourd'hui, lumière de joie ! Voici l'arrêt : que tout esprit morose soit éloigné de ces solennités !

(1) Michelet, *Histoire de France*, t. II, p. 632-633.

Loin d'ici l'envie et la tristesse, tous ceux qui célèbrent la fête de l'âne ne veulent que la gaité. »

Ces vers à peine chantés, les assistants entendaient cette prose dont on a tant parlé et qui est connue depuis si longtemps sous le nom de *Prose de l'âne.*

Orientis partibus
Adventavit asinus
Pulcher et fortissimus,
Sarcinis aptissimus
Hez ! sir asne, Hez !

Des contrées de l'Orient
Il est arrivé un âne
Beau et très-vigoureux,
Très-apte à porter des fardeaux.

Hic in collibus Sichen
Enutritus sub Ruben,
Transiit per Jordanem
Saliit in Bethleem. Hez!

Sur les collines de Sichem
Maître baudet nourri par Ruben
A traversé le Jourdain
Et sauté à Bethléem.

Saltu vincit hinnulos
Dagnas et capreolos
Super dromedarios
Velox Madianeos. Hez !

A la course il devance les faons,
Les daims et les chevreuils
Et les dromadaires
De Madian.

Aurum de Arabia
Thus et myrram de Sabba
Tulit in Ecclesia
Virtus asinaria. Hez!

La vigueur de l'âne a
Transporté dans l'Eglise
L'or de l'Arabie,
L'encens et la myrrhe de Saba.

Dùm trahit vehicula
Multa cum sarcinula
Illius mandibula
Dura terit pabula. Hez !

Tandis qu'il traine le chariot,
Chargé d'un lourd bagage
Sa mâchoire broie
Un dur fourrage.

Cum aristis ordeum
Comedit et carduum
Triticum a palea
Segregat in area. Hez !

Il mange l'orge en épis
Et broute le chardon,
Dans l'aire il sépare
Le blé de la paille.

Amen dicas, asine,
Jam satur ex gramine,
Amen, amen itera
Aspernare vetera. Hez !

Ane rassasié de foin,
Dites amen, amen,
Encore amen
Et nargue des vieilleries.

L'office dans le manuscrit de la bibliothèque de Sens comprend les premières vêpres, les complies, les matines, laudes, prime, tierce, la messe, sexte, none et les vêpres. Nul doute que les ecclésiastiques ne se soient permis certains rafraîchissements et même certains cris trop bruyants que le XIXe siècle répudierait. Mais il est certain que l'âne ne parut jamais à la cathédrale de Sens, quoiqu'à Beauvais le clergé lui rendit certains honneurs, et que le peuple imitât en forme de refrain le braiment du pauvre baudet (1).

(1) *Bulletin de la Société archéologique de Sens*, t. VI, Sens, 1858.

II.

UN LIVRE DE PRONE

AU MOYEN AGE.

Si beaucoup d'historiens refusent de croire que Pierre de Corbeil remania l'office improprement appelé l'office de l'âne, Guy de Roye, longtemps après lui, composa un livre de prône qui obtint une certaine vogue au moyen âge et que les éditeurs de la *Bibliothèque bleue* se hâtèrent d'adopter dans leur collection. Ce livre, appelé le *Doctrinal de Sapience*, avait le précieux avantage de conférer « vingt jours de pardon à ceux qui le lisaient et même à ceux qui en entendaient la lecture. » Les prêtres devaient le posséder dans leur bibliothèque, le lire tous les dimanches à leurs paroissiens, parce qu'il contenait, dit-on, « des exemples plus propres à émouvoir les simples que les syllogismes et autres figures de rhétorique. » Mais je doute qu'au XIXe siècle on ose débiter du haut de la chaire des exemples tels que ceux qui sont contenus dans le *Doctrinal de Sapience*, imprimé à Troyes par Jean Lecoq vers 1520.

« Beaucoup de gens simples ne redoutent point la sentence d'excommunication et disent que leur pôt n'en bout pas moins au feu. Mais on lit qu'à Troyes en Champagne, un évêque excommunia le bailli de la cité, puis leva la sentence et invita le coupable quelques jours après à dîner avec lui. Lorsque le repas fut terminé, l'évêque demanda au bailli s'il n'était pas plus heureux que lorsqu'il était excommunié. Le bailli répondit qu'il se moquait de la sentence et que sa joie n'en avait été nullement diminuée. L'évêque, pour lui démontrer son erreur, fit alors apporter un pain blanc et fit une raie sur le pain en disant : Pain, je t'excommunie par ceci, de l'autorité de Dieu et de saint Pierre. » Aussitôt la moitié du pain devint noire comme du charbon. A cette vue, le bailli et les gens de sa compagnie restèrent stupéfaits. — « Voilà quel était votre état devant Dieu, reprit l'évêque, lorsque vous étiez excommunié, mon cher bailli. » Puis regardant le pain, le prélat continua : « Pain, je t'absous de l'autorité de Dieu et de saint Pierre, » et le pain redevint blanc. Cet exemple doit vous prouver, chrétiens peu fervents, combien vous devez redouter la sentence d'excommunication.

» On dit qu'un chevalier voyageant en piteux état rencontra sur son chemin un moine qui chevauchait sur une belle monture. Le chevalier aborde le religieux et lui demande à quel ordre il appartient. — « Je n'appartiens qu'à Dieu, répond le moine. » — « Si vous n'appartenez qu'à Dieu, reprend le chevalier, nous sommes frères et compagnons, mais notre partage n'est point convenable, car vous êtes bien vêtu et monté sur un beau cheval, tandis que je n'ai que des haillons et une mauvaise bête. » A ces mots le chevalier dépouille notre moine et le laisse dans un déplorable état. Cet exemple doit apprendre au chrétien comment Dieu punit l'orgueil des hommes et comment ce vice peut exciter les simples à mal faire.

» On dit qu'un ermite s'émerveillait des divers et obscurs jugements de Dieu et se dit un jour dans son cœur qu'ils n'étaient pas justes, parce que Dieu souffrait que les bons fussent accablés de tribulations, tandis que les méchants regorgeaient de biens. Mais Dieu lui envoya un ange sous une forme humaine qui lui dit : « Viens avec moi, car Dieu m'a envoyé vers toi pour te mener dans différents pays, afin que tu puisses reconnaître ses jugements qui te paraissent obscurs et variés. » L'ange le mène d'abord dans l'hôtel d'un bon homme qui les reçoit gracieusement et les régale de son mieux. Le lendemain, pour le remercier de son hospitalité, l'ange lui dérobe un vase précieux et excite tellement l'indignation de son compagnon que celui-ci croit voir le diable à ses côtés. Le soir, cependant, nos deux voyageurs arrivent chez un hôte qui les accueille fort mal et leur sert un maigre souper. Le lendemain matin, l'ange, au lieu de lui dérober quelque chose, lui donne le vase précieux au grand étonnement du moine. Continuant leur route, nos deux compagnons arrivent au coucher du soleil chez un hôte qui les accueille comme le premier et leur donne même son valet pour les guider dans leur chemin. Mais l'ange, pour toute récompense, précipite du haut d'un pont le pauvre valet et le noie dans les ondes au grand effroi du moine. Après quelques heures de marche, ils arrivent chez un hôte qui les accueille comme le troisième, mais dont le fils encore jeune se permet de troubler leur sommeil par ses cris importuns. Fatigué sans doute d'un tel vacarme, l'ange se lève et tord le cou du pauvre petit. A cette vue, le moine depuis longtemps scandalisé pousse des cris et ne veut plus suivre son compagnon. « Bel ami, lui dit alors l'ange, je suis envoyé vers toi pour te prouver que Dieu est juste et qu'il ne fait rien sans bonne cause. D'abord j'ai dérobé le vase précieux au bon hôte, parce qu'il aimait trop cet objet et qu'il y pensait au lieu de penser à Dieu. Je l'ai donné à notre mauvais hôte, afin qu'il reçoive ici-bas, et non dans le paradis, la récompense du peu de bien qu'il a fait. Quant au valet que j'ai précipité dans les ondes, je l'ai délivré du crime d'homicide, car le mécréant devait tuer son maître le lendemain. Le quatrième hôte, avant la naissance de son fils, donnait de beaux deniers aux pauvres pour l'amour de Dieu, mais depuis qu'il a vu son héritier s'ébattre dans son logis, l'avarice est entrée dans son âme. C'est pourquoi j'ai envoyé son fils encore innocent au paradis et délivré cet homme de son avarice. » A ces mots, ajoute l'auteur du *Doctrinal*, le moine ébahi d'un tel raisonnement s'en retourne glorifiant Dieu, dont les jugements sont un abîme sans fond, comme le dit le prophète, mais qui dans sa bonté ne se permettrait pas de tels attentats (1).

(1) Ce singulier exemple est tiré du fabliau *De l'ermite qu'un ange conduisit dans le siècle*. Recueil de Méon, t. II, p. 216. — Fabliaux par Legrand d'Aussy, t. V, p. 105, Voltaire l'a inséré tout entier dans son roman de Zadig.

» On dit qu'une simple femme allait souvent à l'église et que, lorsque le prêtre, qui avait une très-mauvaise voix, chantait, cette femme se mettait à pleurer. Le prêtre, qui s'en aperçut, s'imagina que ses pleurs étaient excités par les sons de sa voix et s'efforça de lui donner le plus de sonorité possible. La pauvre femme sanglotant plus fort, le prêtre s'avança vers elle et lui demanda la cause de ses pleurs lorsqu'il chantait. « Hélas! sire, dit-elle, j'ai bien raison de pleurer. J'avais un âne qui me procurait beaucoup de biens et que j'ai perdu; lorsque je vous entends chanter, il me semble qu'il est ici. » A ces mots le prêtre, qui croyait recevoir quelque louange, se retira tout confus, comme on le pense.

» Nous lisons qu'un homme très-riche avait trois fils dont le plus jeune n'était pas marié. Un jour, que cet opulent personnage se sentit malade et crut sa fin prochaine, il appela ses trois fils et dit à l'aîné: « Beau fils, j'ai dépensé beaucoup pour te mettre en carrière, dis-moi, je te prie, quel bien tu me feras lorsque je serai mort. — Je vous promets, mon père, répondit le jeune homme, de fonder une chapelle dans laquelle on chantera tous les jours une messe pour le repos de votre âme. — Voilà, beau fils, une belle promesse, » dit le père, et s'adressant au second, il lui dit: « Beau fils, toi qui par mes soins es devenu riche et puissant, que feras-tu pour moi lorsque je serai mort? — Je vous promets de fonder deux chapelles dans lesquelles on chantera tous les jours une messe pour le repos de votre âme et, au milieu de ces chapelles, une maison de Dieu où seront hébergés les pauvres qui prieront Dieu pour vous. — Voilà, beau fils, une très-belle promesse, » dit le père, et s'adressant au plus jeune, il lui dit : « Et toi, que feras-tu pour moi lorsque je serai mort? — Je ferai ce que les autres feront. — Et comment le feras-tu, toi qui n'es ni riche ni marié? — Je le ferai, car de tout ce qu'ils vous ont promis ils ne feront rien. C'est pourquoi ne vous reposez point entièrement sur nous, tandis que vous le pouvez, disposez selon votre volonté. »

Comme l'indique l'auteur dans l'édition de Jean Lecoq, le *Doctrinal* fut composé par l'archevêque de Sens, Guy de Roye, vers l'an 1388. Mais les exemples furent surtout ajoutés par un religieux de l'ordre de Clugny quelque temps après, car le monde de cette époque « étoit si peu dévòt qu'il demandoit briève messe et longue table, » et se laissait « plus émouvoir par des exemples que par des syllogismes. » La plus ancienne édition que nous connaissions après celle de Jean Lecoq est celle d'Yves Girardon vers 1620 sous ce titre : *Le Doctrinal de Sapience auquel est comprins et soigneusement enseigné tout ce qui est requis à un chascun tous estats d'observer et fuyr pour acquérir le salut de son âme: Jadis composé par M. de Guy de Roye, archevesque de Sens, et maintenant reveu et corrigé en ceste dernière édition au profit de tous bons chrestiens* (1).

(1) *Livres populaires imprimés à Troyes de* 1600 *à* 1800. *Hagiographie-Ascétisme*, par Alexis Socard, in-8, 1864, page 122.

Nous avons sous les yeux l'édition de la veuve Jean Oudot. Le titre est modifié: *Le Doctrinal de Sapience dans lequel est compris et enseigné tous les devoirs des véritables chrétiens pour parvenir à la béatitude éternelle, revu et corrigé de nouveau*, in-8, sans date, de 112 pages. Dans l'avertissement au lecteur, l'éditeur rappelle que vingt jours de pardon sont accordés à ceux qui le liront et dix jours seulement à ceux qui voudront en entendre la lecture, mais il ne déclare plus comme Jean Lecoq que le *Doctrinal* s'adresse *aux simples prêtres qui n'entendent pas bien le latin et les escriptures*. Les exemples même que nous avons cités n'y sont plus, à l'exception de celui où l'ange vient prouver d'une singulière façon la justice des jugements de Dieu. Le Doctrinal imprimé par Jean Lecoq se termine par ces mots: *Cy fine le Doctrinal de Sapience, lequel est moult prouffitable et utile à tous chrestiens et chrestiennes, composé par Révérend Père en Dieu, monseigneur maistre Guy de Roye, jadis archevesque de Sens* (1).

Guy de Roye, né au château de Muret, près de Soissons, mérita de bonne heure l'amitié du pape Grégoire XI qui le nomma à l'évêché de Verdun. Mais ambitieux, il convoita et obtint tour à tour les évêchés de Dôle et de Chartres et les archevêchés de Sens, de Tours et de Reims. Il se rendait au concile de Pise pour travailler de tout son pouvoir à la pacification de l'Eglise troublée par le schisme d'Occident, lorsqu'il

(1) Bibliothèque de Troyes, in-8 gothique de 68 feuillets chiffrés.

mourut frappé d'un trait d'arbalète qu'il reçut dans la poitrine en voulant apaiser un tumulte soulevé par ses gens à Voltri, près de Gênes (1). On ne connait de ce prélat que le *Doctrinal;* mais ce livre, quoique contenant des passages qu'il serait malséant de lire aux fidèles du XIXe siècle, eut de nombreuses éditions avant son introduction dans la bibliothèque si populaire désignée sous le nom de *Bibliothèque bleue.*

(1) *Histoire civile et politique de la ville de Reims,* par Anquetil, t. II, page 320.

III.

NOUVELLES RECHERCHES

SUR LES FOUS DE TROYES A LA COUR DES ROIS DE FRANCE.

L'auteur des *Mémoires de l'Académie des sciences, belles lettres et beaux-arts,* établie dans la vieille capitale de la Champagne, cite un passage des *Récréations historiques* de M. Dreux du Radier, qui prouve que Troyes eut autrefois l'honneur de pourvoir la cour de France de fous inoffensifs qui, portant marotte, se permirent plus d'une fois de donner de salutaires avis aux rois et à leurs courtisans. Suivant M. Dreux, Troyes aurait encore possédé dans ses archives, au XVIIIe siècle, une lettre de Charles V par laquelle ce monarque annonçait gravement à sa bonne cité la mort de son fou et priait les notables « de lui en envoyer un autre suivant la coutume. » Grosley mit d'abord cette lettre et le récit de M. Dreux « au rang de ces anecdotes inconsidérées que de mauvais plaisants font courir sur le compte des honnêtes champenois. » Mais lorsqu'il vit cette maudite lettre insérée dans le *Journal encyclopédique,* le bonhomme, écrasé par l'autorité de ses rédacteurs, n'en dormit plus. Parcourant les cabinets des savants et frappant à la porte de tous les antiquaires, il demande l'exhibition de la lettre et finit par en souhaiter l'existence, « parce qu'elle déposerait singulièrement en faveur de l'ingénuité, de la candeur et de la franchise de ses pères ! » Prouvant ensuite que ces fous jouaient exactement le rôle du sage Esope à la cour du roi Crésus et du divin Platon à celle du tyran Denis, il en trouve un dans la personne de Pierre de Villiers, simple dominicain, qui devint successivement confesseur du roi Charles V et évêque de Troyes.

Je n'ai point découvert la lettre du monarque, mais prétendre que Pierre de Villiers jouait le rôle de fou, n'est-ce point une de ces mille témérités historiques qui nous révèlent dans Grosley cette funeste démangeaison de tout expliquer ? S'il avait visité l'église de Saint-Germain-l'Auxerrois, il aurait vu la tombe du fou dont le roi Charles V déplora le trépas et pour les obsèques duquel il donna douze livres de cire, dont la quittance se trouve dans les comptes de la maison de ce prince (1). Cet officier burlesque, inhumé dans un magnifique mausolée, s'appelait grand Jehan de Troyes (2).

Courtalon, contemporain de Grosley, mais plus poli, répondit à M. Dreux du Radier, sans nier l'existence de la lettre :

(1) « Pour XII livres de cire pour faire l'obsèque de feu grand Jehan le fol, enterré à Saint-Germain-l'Auxerrois. » Comptes de l'hostel du roy, année 1382. *Histoire des Français des divers états*, par A. Monteil, t. I, 1848, p. 575, épitre 97.

(2) *Journal des villes et des campagnes*. Supplément du 21 janvier 1844, p. 12.

Du Radier, ne sois plus étonné qu'autrefois
La première cité d'une grande province
Ait envoyé des fous pour réjouir un prince,
Nous nous faisons honneur d'être fous de nos rois.

M. Dreux du Radier répondit :

Esprit charmant, aimable Champenois,
Pour l'honneur de votre province
Vous étendez trop loin vos droits.
Seuls vous pouviez jadis donner des fous aux rois :
Ce privilége n'était pas mince ;
Mais adorer son maître, être fou de son prince,
C'est le droit de tout cœur françois.

M. Canel a publié chez Lemerre, en 1873, de curieuses *Recherches sur les fous des rois de France.* Il paraît, suivant cet auteur, que la fonction de fou était connue des Grecs et des Romains, qui les employaient non-seulement dans les festins pour amuser les convives, mais encore dans les pompes funèbres, sans doute pour égayer les parents et les amis des défunts. Le moyen âge rechercha de bonne heure ces étranges personnages et leur permit une telle licence que plusieurs conciles finirent par interdire aux ecclésiastiques d'avoir des farceurs ou des fous.

Le premier cependant, qui parut à la cour de France, serait jusqu'à ce jour Geffroy, fou de Philippe-le-Long, dès 1306. Jean II le Bon en eut aussi un, *maistre Jehan* le fol, qui le suivit à Londres. Mais le monarque qui les rechercha le plus et qui se réjouissait de leurs *paroles joyeuses et honnêtes,* fut Charles-le-Sage. Son deuxième fou Thévenin fut enterré dans l'église de Saint-Maurice à Senlis, dans un magnifique tombeau avec cette inscription :

Ci-gyt Thevenin de Saint-Légier,
fol du roi nostre sire,
qui trespassa le onziesme jour de juillet,
l'an de grâce MCCCLXXIV.
Priez Dieu pour l'âme de ly (1).

Son successeur fut *Grand Johan,* qui entrait en fonction dès 1375 et qui sut se concilier si bien l'affection de son monarque que celui-ci fit venir son père, l'hébergea quelque temps et lui fit compter une assez belle somme « pour s'en retourner dans son pays. » Plus heureux encore que son prédécesseur, *Grand Johan* fut inhumé dans l'église royale de Saint-Germain-l'Auxerrois, sous un riche mausolée de divers marbres surmonté de son effigie (2). Le jour de ses obsèques, outre les douze livres de cire qui furent brûlées en son honneur, messire Taupin de Chantemelle, *maistre d'ostel,* dépensa plus de quatre livres « par commandement du roy (3). »

(1) *Musée des familles,* t. I, p. 192.

(2) *Mémoire historique et critique sur le portail, le porche et les peintures du porche de l'église royale et paroissiale de Saint-Germain-l'Auxerrois, à Paris,* par Troche, Revue archéologique, 15 décembre 1846.

(3) *Recherches historiques sur les fous des rois de France,* par Canel p. 63. — *Dictionnaire critique de biographie et d'histoire,* par Jal, Paris, 1867, Art. *fous.*

D'où venait ce Grand Johan dont le trépas arracha quelques larmes à la cour qu'il réjouissait par ses bons mots ? M. Troche, qui a consacré plus de vingt ans à écrire la *Monographie de l'église Saint-Germain-l'Auxerrois*, et qui par conséquent a compulsé tous les manuscrits relatifs à cette ancienne collégiale, déclare, d'après des documents dont lui seul peut-être a la possession, que ce fou était de Troyes en Champagne (1). Ce témoignage, confirmé sans aucun doute par des pièces authentiques, concorde parfaitement avec celui des historiens de Troyes qui soupçonnaient au XVIIIe siècle la capitale de la Champagne d'avoir eu l'honneur de fournir jadis des fous aux rois de France.

Je crois que ce *Grand Johan* est bien celui dont parle Rabelais, qui en a fait le héros d'une aventure digne des jugements de Sancho dans l'île de Barataria et curieuse surtout comme preuve de l'autorité qu'exerçaient autrefois ces officiers burlesques.

« Devant la boutique d'un rôtisseur du Petit-Châtelet, un faquin ou portefaix mangeait son pain à la fumée succulente du rôt ; le rôtisseur le laissait faire sans mot dire. Mais quand tout le pain fut mangé, le rôtisseur happe au collet l'amateur de fumée et le somme de payer ce qu'il a pris. Grande altercation : le portefaix s'écrie que la fumée qui s'échappe dans la rue appartient à tout le monde ; le rôtisseur réplique avec menaces que la fumée de son rôt n'appartient qu'à lui et qu'il est seul maître de la vendre ou de la donner.

(1) *Journal des villes et des campagnes*. Supplément du 21 janvier 1844.

Le peuple de Paris accourt de toutes parts et avec lui *Grand Johan le fol, citadin de Paris.*

« Faquin, dit le rôtisseur au portefaix, veux-tu dans notre différend accepter pour juge ce noble *Grand Johan ?*

Le portefaix y consent et *Grand Johan,* après avoir entendu les parties, ordonne au portefaix de tirer de son escarcelle quelques pièces d'argent. Celui-ci soupire d'abord et présente un tournoi de douze deniers. Grand Johan prend le tournoi, le pèse sur son épaule gauche pour juger s'il est de poids, le fait sonner dans la paume de sa main gauche pour vérifier s'il est de bon aloi et l'approche de la prunelle de son œil droit pour voir s'il est bien marqué. Le peuple attendait en silence le résultat du jugement qui d'avance réjouissait le rôtisseur et désespérait le portefaix.

Grand Johan tenant sa marotte au poing tousse deux ou trois fois et rend son arrêt en ces termes : « La Cour déclare que le portefaix qui a mangé son pain à la fumée du rôt a payé civilement le rôtisseur avec le son de l'argent. La dite Cour ordonne que chacun se retire en sa chaumine, sans dépens et pour cause. »

Un immense éclat de rire accueillit cette sentence ; le portefaix reprit son tournoi, tandis que le pauvre rôtisseur rentrait bien confus dans sa boutique (1). »

(1) *Curiosités de l'histoire de France,* par P. L. Jacob. Paris, 1858, p. 95. — *Œuvres de Rabelais,* Paris, Charpentier, 1845, in-12, p. 281. L'auteur de Pantagruel désigne notre fou sous le nom de *Seigni Joan, fol insigne de Paris, bisayeul de Caillette,* fou en titre d'office du roi Louis XII.

IV.

SATIRE CONTRE LE MARIAGE.

La pièce que nous publions est tirée du manuscrit 1683 de la bibliothèque de Troyes, in-4° sur papier du XVe siècle. M. Harmand, dans son catalogue, lui donne pour titre : *Modus abbreviationis libri de Matheolus seu* XVIII *gaudia matrimonii.* Mais, comme le lecteur pourra s'en convaincre, cette pièce n'est qu'une satire violente et grossière contre le mariage, remaniée sans doute par un moine de Clairvaux, à la suite du *Reductorium morale* de Pierre Berchoire imprimé à Cologne en 1477.

L'auteur cite saint Jean Chrysostome, Laurent, moine de Durham, et Pierre de Corbeil, archevêque de Sens, et les représente comme trois anges que le ciel lui aurait envoyés pour le détourner du mariage. Mais il n'est point permis de croire que ces personnages aient osé débiter tout ce qui est contenu dans cette satire. J'aime mieux l'attribuer à certain moine qui, sous le pseudonyme de *Matheolus,* s'est vengé probablement de quelque dédain.

M. Edelestand du Méril a publié dans ses *Poésies latines populaires du moyen âge* la satire provenant du fonds Notre-Dame, manuscrit 242, folio 86 de la bibliothèque nationale, et l'a comparée à icelle de Wright dans ses *Latin poems commonly attributed to Walter Mapes.* Mais toutes deux diffèrent de celle de la bibliothèque de Troyes que nous publions en latin, parce que la langue des Romains a certains priviléges d'expressions que la nôtre ne possède point.

MODUS ABREVIATIONIS

LIBRI DE MATHEOLUS

I.

Sit Deo gloria, laus et benedictio,
Johanni pariter Petro, Laurencio
Quos misit Trinitas in hoc naufragio
Ne me permitterent uti conjugio.

II.

Uxorem ducere quondam volueram
Decoram virginem, pinguem, teneram
Quam inter alias solam dilexeram
Ut viam sequerer multorum miseram.

III.

Hinc quidam socii dabant subsidium (1)
Ut cito currerem ad matrimonium,

(1) *Consilium*, texte publié par M. Edelestand du Méril.

Vitam conjugii laudabant nimiùm
Ut in miseriis haberent socium.

IV.

Tàm cito volebant nuptias fieri
Ut de me misero gauderent miseri,
Sed per tres angelos quos missos reperi
Me Deus eruit à portà inferi.

V.

Accensus siquidem amore virginis
In verno tempore, cùm sol in Geminis,
Castam elegeram præ cunctis feminis
Ut ei nuberem in fide numinis.

VI.

Et sic imperio volebam subjici
Et collum subdere pœnæ multiplici,
Sed ad hoc Deitas Patris magnifici
Misit tres angelos in forma triplici.

VII.

In valle duplici quam Manbro dicimus
Misit tres angelos Deus altissimus
In quibus loquitur Johannes ultimus
Os habens aureum vir consultissimus (1).

(1) Saint Jean Chrysostome.

VIII.

In tribus angelis accessit Trinitas
Quibus vox varia, sed sensus unitas
Ut innotesceret uxoris pravitas
Semper cor varium, cordis fragilitas.

Primus angelus.

IX.

Datur potentia Petro de Corbolio (1)
Quo notat firmitas et partus ratio
Uxorem frangilem et plenam tædio,
Dicit se morbidam ex parte nimio.

X.

Qui ducit uxorem se ipsum onerat,
A cujus onere mors sola liberat,
Vir servit conjugi et uxor imperat
Et servus factus est qui liber fuerat.

XI.

Semper laboribus labores cumulat,
Labor præteriit et labor pullulat,
Ipse est azinus quem uxor stimulat
Ut pascat filios quos ipsa bajulat.

XII.

Longum conjugium est pœnitentia,
Dolor continuus post puerperia,

(1) Pierre de Corbeil, archevêque de Sens, qui remania l'office vulgairement appelé la *Fête de l'Ane*.

Experti conjuges horrent conjugia
Quæ crucem procreant atque supplicia.

XIII.

Se semper mulier infirmam asserit,
Bibit, comedit, mingit et egerit ;
At vir laboribus se multis ingerit
Et tunc incipiet cùm consummaverit.

XIV.

Dùm res conjugibus succedunt prospere
Uxores asserunt se totum facere,
Si fiant pauperes, volunt arguere
Quod propter homines sunt ipsæ miseræ.

XV.

Vix sibi sufficit vir operarius,
Qui ducit conjugem doloris nescius
Cùm infans nascitur, partus est anxius.
Tunc erit Benjamin doloris filius.

XVI.

Marito plurima sunt necessaria
Pro se, pro conjuge, proque familià
Et modo quolibet tractans negotia,
Mercando cogitur uti fallacià.

XVII.

Instat laboribus causà pecuniæ
Ne fame urgeant ventres familiæ,

Laborat jugiter et sine requie,
Et cras incipiet quod fecit hodie.

XVIII (1).

. . . .
. . . .
. . . .
. . . .

XIX.

. . . .
. . . .
. . . .
. . . .

XX.

Idcirco omnibus hoc volo dicere :
Tædet quàm plurimum maritos vivere
Cùm nullus feminæ possit sufficere,
Dico quod nemini expedit nubere.

XXI.

Vir lassus labores dormiens sompniat
Et sic se continuo labore cruciat,
Ut pascat conjugem quam nusquam satiat.
Michael (2) igitur uxorem fugiat.

(1) Je n'ai point osé publier certaines strophes, car le moine qui a remanié cette satire aurait dû se rappeler que le nombre des saintes était assez grand à son époque, et choisir d'autres arguments.

(2) Michel est le nom du moine que l'auteur détourne du mariage.

Secundus angelus.

XXII.

Huic sapientia datur Laurentio (1)
Cùm viridis herba in pleno folio
Viret in hieme, sicut in Julio,
Hic sequens loquitur sic de conjugio.

XXIII.

Est stulta mulier semper et varia
Et multa rapitur per desideria.

. . . .

. . . .

XXIV.

Ut vestes habeat quærit adulterum

. . . .

. . . .

Spernitque misera maritum miserum.

XXV.

Cito superbia (2) marito præterit,
Postquam adulterum uxor dilexerit,
Quidquid laboribus vir acquisierìt
Hoc dat adultero, sic sensus deperit.

XXVI.

Petit licentiam uxor nepharia
Ut vadat peregre per monasteria
Et tecta subiens prostibularia
Plus ipsa celebrat quam sanctuaria.

(1) Laurent, moine de Durham.

(2) *Substantia*, texte déjà cité

XXVII.

Uxor adultera se multis copulat
Et nihilominùs se castam simulat
Sed vir cothidie labores bajulat
Et alit conjugem quam alter baculat.

XXVIII.

Qui ducit conjugem rancorem induit,
Pascit adulteram quæ se prostituit,
Partum alterius hæredem statuit
Et nutrit filium quem alter genuit.

XXIX.

Hic dolor maximus est et opprobrium
Conceptus filius per adulterium
Quem uxor propria scit esse spurium,
Maritus nescius appellat filium.

XXX.

Illud est proprium omnis adulteræ
Quod virum proprium non vult se cernere,
Ut det adultero non cessat rapere.
Desistat igitur Michael nubere.

Tertius angelus.

XXXI.

Johannes (1) sequitur cui inest gratia,
Afflatus spiritus majori copia,
Hic sicut aquila videt subtilia
Et ita disputat super conjugia.

(1) Saint Jean Chrysostome.

XXXII.

Vere conjugium est summa servitus,
Duplex servitium carnis et spiritus,
Sic homo trahitur velut bos venditus
Ut sit perpetuo labori redditus.

XXXIII.

Qui ducit conjugem ad jugum trahitur,
Non pœnam sentiens ad pœnas nascitur,
Uxorem capiens plus ipse capitur,
Nam semper serviens servus efficitur.

XXXIV.

Fallax et invida et nusquam humilis
Est uxor perfida et irascibilis,
Maritus factus est azello similis
Qui est ad onera semper passibilis.

XXXV.

In adjutorio facta est fœmina
Ut servet generis humani semina,
Sed cunctis aliis est viro sarcina
Et tamen domini vult esse domina.

XXXVI.

Vir bonæ conjugis beatus dicitur,
Sed bona mulier vix una legitur,
Aut semper contumax aut fornicatur,
Nec virum ipsum præesse patitur.

XXXVII.

. . . .
. . . .
. . . .
. . . .

XXXVIII.

Bonarum conjugum est summa raritas,
De millenario vix erit unitas,
Est viro melior quædam iniquitas
Quàm benefaciens uxoris equitas.

XXXIX.

Est lingua gladius in ore feminæ
Ubi (1) percutitur tanquàm a fulmine.
Per hanc ylaritas fugit ab homine,
Domus evertitur australi turbine.

XL.

Manet in conjuge fides exigua
Postquam superbie sumpserit cornua,
De linguà conjugis prava et nocua
Procedunt fulgura, nives, tonitrua.

XLI.

Voluntas conjugis semper perficitur,
Sin autem litigat, flet et irascitur;
Maritus patiens clamorem vincitur
Et cedens conjugi domum egreditur.

(1) *Quo vir*, texte déjà cité.

XLII.

Fumus et mulier et stillicidia,
Expellunt hominem a domo proprià,
Vir blande loquitur, dat verba mollia,
Uxor multiplicat lites et jurgia.

XLIII.

Serpentis capite nihil acutius
Et nequam conjuge nihil est nequiùs,
Nam cum leonibus morarer potiùs
Quam pravæ conjugi jàm essem socius.

XLIV.

Omni supplicio mors est amarior,
Est tamen mulier morte crudelior.
Mors enim præterit ut hora brevior,
Sed mortem superat languor prolixior.

XLV.

Uxorem capiens jàm mortem accipit,
Dùm putat vivere, jàm mori incipit,
Vivendi tedium in mortem arripit,
Sed eà mortuà mox vitam recipit.

XLVI.

Qui est sub conjuge sub jugo premitur
Et mori cupiens languore cogitur
Et dolor maximus et pœna dicitur
Ut rubus ardens qui non consumitur.

V.

HISTOIRE VÉRITABLE

Des cent escus envoyée par la dame que vous entendrez bientôt nommer sur l'air de Jean de Vert.

I.

Ce fut un lundy au matin,
Le deuziesme décembre,
Qu'un homme vestu de satin
Vint pour nous faire entendre
Qu'une duchesse de renon
Dont vous scaurez tantost le nom,
Par un souvenir obligent,
Nous faisoit part de son argent.

II.

La chose en toute vérité
Ce passa de la sorte :
On sonna avec autorité
La cloche de la porte.
La sœur portière s'y rendit,
Et Monsieur de la Fleur luy dit :
Cet honeste homme que voilà
Voudroit que quelqu'un luy parla.

III.

He bien, je m'en vais de ce pas
Avertir nostre mère,
Faite l'aller au parloir bas
Ou au bienheureux père,
— Et ma sœur, vous lui direz d'on
Que c'est Madame d'Esguillon,
Riche de biens et de vertus,
Qui vous envoye cent beaux escus.

IV.

Elle en fut faire le raport
A nostre chère mère,
Qui luy dit du premier abort :
C'est l'argent du bon père.
— Non, non, ma mère, c'est un bienfait
Que cette dame nous a fait
Ou peut-estre la pension
De la petite de Cumon.

V.

Son esprit demeura surpris,
Ne pouvant toujours croire
Que l'homme ne ce fut mépris
En manquant de mémoire
Luy dit : ma sœur, il faut scavoir,
Avant que de le recevoir,
S'y ce bienfait, quoyque très-doux,
Est pour don Jacques ou bien pour nous.

VI.

Ainsy tout à la bonne foy
Nostre ancienne esconome
Luy dit : Monsieur, assurez-moy
Pour qui est cette aumone.
— Ma sœur, c'est une charité
Qu'on fait à la communauté,
Et Madame qui ayme Dieu
N'a pu choisir un meilleur lieu.

VII.

— Mais, Monsieur, n'en voulée-vous point
Tirer une quittance.
— Non, Madame, il n'est pas besoin,
Je suis en assurance,
Je ne demande seulement
Qu'un petit mot de compliment
Pour faire voir que tout de bon
Vous en avez receu le don.

VIII.

Alors il conta son argent
En belle monoye blanche,
Et elle de soin diligent
Le mit dedans sa manche
Luy disant avec sentiment :
Monsieur, je m'en vais un moment,
Et puis je vous raporteray
La lettre que vous désiray.

IX.

— Bon, ma mère, ne craignez rien,
Il est de bonne prise.
Don Jacques est un homme de bien,
Sans faire mine grise,
Ce pascera pour cette fois
De l'ombre de sa douce croix,
Mais faite donc un mot d'escrit
Digne de vostre bel esprit.

X.

Avec grande civilité,
Mais beaucoup d'injustice,
On luy donne la qualité
D'insigne bienfaitrice,
Puis le compliment achevé
Fut au mesme homme raporté,
Chacun demeurant satisfait
Luy de parole et nous d'effet.

XI.

Nostre mère revint au chœur
Pour entendre la messe
Et offrir à Nostre Seigneur
Cette bonne duchesse
Qui, dans ces charitables soins,
Avoit pourveu à nos besoins,
Voulant que la communion
Ce fit à son intention.

XII.

Tout le matin à qui mieux mieux
On louoit cette dame
Et on relevoit jusqu'aux cieux
Les vertus de son âme.
Le temps pascé on rappella,
On dit : c'est cecy, c'est cela.
Mais toujours c'est une faveur
Qui témoigne bien son grand cœur.

XIII.

Nostre mère nous proposa
D'en faire le partage,
Et chascune se disposa,
Disant de grand courage :
Ma chère mère, je consens
D'en donner jusqu'à deux cent francs
Aux sœurs de Mets et de Nancy,
D'on vous estes tant en soucy.

XIV.

Entendrez-vous, sans dire hélas,
Nostre triste avanture.
L'homme revient dessus ses pas,
Qui proteste et qui jure
Que ç'a esté par un abus
Qu'il a donné les cent escus
Et qu'il requiert très-humblement
Qu'on les lui rendent promtement.

XV

Que l'intendant le mal instruit
A l'inceu de Madame,
Que s'y nous en faisons du bruit
Il en aura du blasme.
Tenez, dit-il, vostre papier,
Mais rendez-moy mon sac entier,
J'en donneray plus tost cinq sous
Aux pauvres pour l'amour de vous.

XVI.

Sans nous faire beaucoup presser
N'y user de remise
Il fallut l'argent repasser
Et lâcher nostre prise.
Et pour combler notre regret,
On nous obligea au secret,
Disant : n'en dites jamais rien,
Mes mères, il y va de mon bien.

XVII.

Ainsy nostre argent s'envola
Au travers de nos grilles,
Ce qui grandement désola
Et la mère et les filles,
Sans leur oster le bon propos
De prier Dieu pour le repos

De cet illustre cardinal
Qui ne leur fit ny bien ny mal (1).

Le couvent de la Visitation où se passa cette scène ne s'établit définitivement à Troyes qu'en 1633 dans la place qu'il occupe encore aujourd'hui.

VI.

LES ANIMAUX EXCOMMUNIÉS

EN CHAMPAGNE.

Des savants ont prétendu que la sentence relative aux dégâts que causaient dans les vignes de Villenauxe certains insectes appelés *hurebets* était apocryphe et par conséquent n'avait point été formulée par un certain official de l'église de Troyes, nommé Jean Milon. Mais M. Gélée a prouvé l'existence de cet official et démontré l'authenticité de la sentence par de sérieux arguments (2). Il était pourtant bien facile de se convaincre de la bonne foi de Grosley, car la sentence se trouve dans les archives de l'Aube, aux

(1) Bibliothèque de Troyes, manuscrit 1686, in-8 sur papier, pag. 396-402. Recueil de cantiques composés par des sœurs de la Visitation Sainte-Marie et surtout par la révérende mère de Corberon.

(2) *Mémoires de la Société académique de l'Aube*, t. II, 3e série, 1865.

feuillets 94 et 95 du registre D 97 (1). Elle a pour titre :

Sententia lata per magistrum Johannem Millon, officialem Trecensem contra erucas gallice Hurebetz, et se termine ainsi :

Lata fuit hæc præsens sententia judicialiter per dominum officialem Trecensem anno Domini millesimo quingentesimo decimo sexto die veneris poste Pnthecosten. Sic signatum N. Hupperòye, scriba causæ.

Cette sentence prononcée en 1516 par maitre Jean Milon, official de Troyes, le vendredi après la Pentecôte, est celle que Grosley a insérée dans ses *Ephémérides* et dont la traduction a été ainsi faite par M. Gélée :

« Au nom du Seigneur, Amen. Vu la prière ou requête de la part des habitants de Villenauxe, du diocèse de Troyes, faite par devers nous, official de Troyes, siégeant contre les *bruches* ou *éruches* ou autres animaux semblables (en français *hurebets*), lesquels, d'après le témoignage de personnes dignes de foi et comme le confirme la rumeur publique, ravagent depuis un certain nombre d'années, et cette

(1) Actes de l'autorité épiscopale. Quant à Jean Milon, il repose encore au collatéral méridional de la cathédrale, comme le constate cette inscription insérée dans le *Voyage archéologique et pittoresque dans le département de l'Aube*, par M. Arnaud, p. 156 :

Hic jacet magister circumspectus vir ac justiciæ zelator M. Joannes Milon, quondam presbiter in utroque jure licentiatus, cantor et officialis Trecensis et canonicus ecclesie sancti Stephani qui obiit 3 sept. 1519.

année encore, le fruit des vignes de cette localité, au grand détriment de ceux qui l'habitent et des gens du voisinage, requête afin d'obtenir que nous avertissions les animaux susnommés et que, usant des moyens dont dispose l'Eglise, nous les forcions à se retirer du territoire dudit lieu ; — vu et attentivement examiné les motifs de la prière ou requête susdite, et aussi les raisons et les allégations fournies en faveur desdits *éruches* ou autres animaux par les conseillers désignés par nous à cet effet ; — entendu en outre sur le tout notre promoteur et vu l'instruction particulière, faite à notre commandement, par un notaire de ladite Cour de Troyes, sur le dommage causé par lesdits animaux dans les vignes de la localité de Villenauxe déjà nommée ; — quoique à pareil dommage il semble qu'on ne puisse apporter remède qu'avec l'aide de Dieu ; toutefois, prenant en considération l'humble, fréquente et pressante réclamation des habitants susnommés ; eu égard surtout à l'empressement avec lequel, pour effacer leurs grandes fautes passées, ils ont donné dernièrement, à notre invitation, le spectacle édifiant de prières solennelles ; considérant que, puisque la miséricorde de Dieu ne repousse pas les pécheurs qui reviennent à lui avec humilité, son Eglise ne doit non plus refuser à ceux qui recourent à elle ni secours ni consolation. — Nous, official susnommé, quelle que puisse être la nouveauté du cas, cédant à l'instance de leurs prières, marchant sur les traces de nos prédécesseurs, siégeant à notre Tribunal, ayant Dieu devant les yeux et pleins de foi dans sa miséricorde et son amour, après avoir pris conseil de qui de droit, nous portons notre sentence de la manière qui suit :

Au nom et en vertu de la toute-puissance de Dieu, du Père, du Fils et du Saint-Esprit, de la bienheureuse Marie, mère de N.-S. Jésus-Christ, de l'autorité des saints apôtres Pierre et Paul, et de la nôtre propre dont nous sommes investis en cette affaire, nous enjoignons par cet écrit aux susdits animaux, *bruches, éruches,* ou de quelque autre nom qu'ils soient appelés, d'avoir, sous peine de malédiction et d'anathème, dans les six jours qui suivront cet avertissement et conformément à notre sentence, à se retirer des vignes et de ladite localité de Villenauxe et à ne plus causer dans la suite aucun dommage, soit en ce lieu, soit en quelque autre endroit du diocèse de Troyes ; — que si, les six jours expirés, lesdits animaux n'ont point obéi pleinement à notre injonction, le septième jour, en vertu de la puissance et de l'autorité sus-mentionnées, nous prononçons contre eux par cet écrit anathème et malédiction ! Ordonnant toutefois et enjoignant formellement auxdits habitants de Villenauxe, de quelque rang, de quelque classe, de quelque condition qu'ils soient, afin de mieux mériter de la part de Dieu, tout-puissant dispensateur de tous biens et libérateur de tout mal, d'être débarrassés d'un si grand fléau, leur ordonnant et enjoignant de se livrer de concert à de bonnes œuvres et à de pieuses prières, de payer d'ailleurs la dime sans fraude et selon la coutume reconnue de la localité, et de s'abstenir avec soin de tout blasphème et de tout autre péché, surtout des scandales publics.

« Signé : N. Hupperoye, *secrétaire.* »

Il paraît que, malgré cette sentence, les *hurebets* se permirent de revenir plus d'un siècle après dans les environs de Sézanne et qu'au moyen de l'exorcisme ils cessèrent tout à coup leurs ravages, comme le reconnaît Mgr François Malier dans l'arrêt qui suit :

« François Malier, par la grâce de Dieu et du Saint-Siége apostolique, évesque de Troyes, conseiller du roy en ses conseils, au doyen rural de Sézanne, salut. Sur ce qui nous a esté représenté par les eschevins de la ville dudit Sézanne qu'une certaine vermine, appelée communément *urbes*, gaste entièrement les vignes de ce lieu et qu'ayant eu recours en pareille nécessité, il y a quelques années, à notre authorité pour faire faire les exorcismes instituez par l'Eglise, ils en auroient obtenu un succès favorable, à ces causes nous vous avons commis et commettons pour faire l'exorcisme contre lesdits *urbes*, ainsy et en la manière qu'il est prescrit par notre rituel nouveau, après touttefois que vous aurez reconnu que le dégast est général et qu'il y a apparent besoing d'en venir à ce remède. Donné audit Troyes le second moy mil six cens soixante-quatre.

» François, é. de Troyes (1). »

(1) *Archives de l'Aube*, G. 40, Actes de l'autorité épiscopale.

TABLE DES MATIÈRES.

Chartres — Imprimerie Durand frères.

www.ingramcontent.com/pod-product-compliance
Ingram Content Group UK Ltd.
Pitfield, Milton Keynes, MK11 3LW, UK
UKHW020405220726
13923UKWH00004B/1749

9 782016 110829